Duden

Erfolgreich online bewerben

Von Janne Jörg Kipp
in Zusammenarbeit
mit der Dudenredaktion

KOMPAKT

Dudenverlag
Mannheim · Leipzig · Wien · Zürich

Die **Duden-Sprachberatung** beantwortet Ihre Fragen
zu Rechtschreibung, Zeichensetzung, Grammatik u. Ä.
montags bis freitags zwischen 08:00 und 18:00 Uhr.
Aus Deutschland: 09001 870098 (1,86 € pro Minute aus dem Festnetz)
Aus Österreich: 0900 844144 (1,80 € pro Minute aus dem Festnetz)
Aus der Schweiz: 0900 383360 (3,13 CHF pro Minute aus dem Festnetz)
Die Tarife für Anrufe aus den Mobilfunknetzen können davon abweichen.
Unter www.duden-suche.de können Sie mit einem Online-Abo
auch per Internet in ausgewählten Dudenwerken nachschlagen.
Den kostenlosen Newsletter der Duden-Sprachberatung können Sie
unter www.duden.de/newsletter abonnieren.

Bibliografische Information der Deutschen Nationalbibliothek
Die Deutsche Nationalbibliothek verzeichnet diese Publikation in der
Deutschen Nationalbibliografie; detaillierte bibliografische Daten
sind im Internet über http://dnb.ddb.de abrufbar.

Redaktion: Dr. Hildegard Hogen, Judith Engst
Herstellung: Monika Schoch

Typografie: Horst Bachmann
Umschlaggestaltung: Jürgen Sauerhöfer
Satz: Bibliographisches Institut AG
Druck und Bindung: Neografia, a. s., Slowakei
Printed in Slovakia

ISBN 978-3-411-74161-8
www.duden.de

Inhalt

Vorteile: günstiger Versand, schnelle Reaktion

Rund 75 Prozent aller Onlinebewerbungen sind E-Mail-Bewerbungen. Ein durchschnittlicher Personalverantwortlicher erhält Dutzende solcher Bewerbungen pro Woche. Die Grundregel für E-Mail-Bewerbungen lautet daher immer: Sie müssen formal und technisch einwandfrei sein, schnell erfassbar und inhaltlich überzeugend – wie konventionelle Bewerbungen auch.
E-Mail-Bewerbungen bieten gegenüber postalischen Bewerbungen entscheidende Vor- und nur wenige Nachteile. Der Versand ist kostengünstig und die Rückmeldung auf Initiativbewerbungen kommt oft sehr schnell. Deshalb entwickelt sich dieser Bewerbungsweg mehr und mehr zum Standard. Trotzdem können Sie nicht davon ausgehen, dass eine E-Mail-Bewerbung bei jedem möglichen Arbeitgeber willkommen ist. Das gilt es zunächst zu prüfen.

Wann eine E-Mail-Bewerbung empfehlenswert ist

Bewerbungen auf Stellenanzeigen: Steht in der Stellenanzeige ein Hinweis, dass E-Mail-Bewerbungen erwünscht sind, ist die Sache einfach. Dann können Sie sich selbstverständlich auf diesem Wege bewerben.
Gleiches gilt, wenn die E-Mail-Adresse des Personalverantwortlichen angegeben wurde. Auch das kommt gewissermaßen der Einladung gleich, sich per E-Mail zu bewerben.

Die Angabe einer allgemeinen E-Mail-Adresse heißt nicht, dass E-Mail-Bewerbungen willkommen sind.

Vorsichtiger müssen Sie sein, wenn in der Ausschreibung nur eine allgemeine E-Mail-Adresse aufgeführt ist, z. B. info@unternehmen.de. Hier sollten Sie per Telefon beim richtigen Ansprechpartner nachfragen, ob Sie sich auch per E-Mail bewerben können oder ob der Empfänger lieber eine klassische – das heißt postalische – Bewerbung wünscht.

Bei Initiativbewerbungen erst den richtigen Empfänger ausfindig machen

Bei **Initiativbewerbungen** per E-Mail ist Vorsicht geboten. Sie laufen in vielen Fällen Gefahr, in der allgemeinen Datenflut unterzugehen. Bevor Sie sich die Mühe machen, eine Initiativbewerbung per E-Mail zu gestalten, recherchieren Sie nach, ob eine E-Mail-Bewerbung erwünscht

ist und an welchen Empfänger Sie diese am besten senden.
Auch hier empfiehlt sich ein Anruf, zumindest aber ein Besuch der Homepage des Unternehmens, um die E-Mail-Adresse des Personalverantwortlichen herauszufinden.
Aufgepasst: Initiativbewerbungen, die Sie per E-Mail an allgemeine Adressen wie info@unternehmen.de schicken, haben kaum eine Chance, überhaupt beachtet zu werden.

Tipp

Machen Sie die Entscheidung, auf welchem Wege Sie sich bewerben, auch von der Art des Unternehmens abhängig. Große Unternehmen in der IT-, Medien-, Werbe- und Kommunikationsbranche oder in technischen Bereichen können meist mit E-Mail-Bewerbungen gut umgehen und behandeln sie gleich wie Bewerbungsmappen, die per Post eintreffen. Dasselbe gilt für viele bundesweit tätige Behörden.
Bietet ein Unternehmen auf seiner Website aber ein Bewerbungsformular an, sollten Sie sich an diesen Weg halten. E-Mail-Bewerbungen sind dann genauso wenig erwünscht wie postalische Bewerbungen, da sie zusätzlichen Aufwand verursachen.

Bestandteile einer E-Mail-Bewerbung

Im Prinzip unterscheidet sich eine gute E-Mail-Bewerbung kaum von einer klassischen Bewerbungsmappe, die Sie per Post versenden. Sie besteht wie diese aus:

Die E-Mail-Bewerbung ähnelt einer postalischen Bewerbung.

- Anschreiben
- Lebenslauf mit Foto
- Anlagen, zu denen Zeugnisse, Nachweise und ggf. Arbeitsproben gehören

Packen Sie die komplette Bewerbung in den Anhang Ihrer E-Mail.

Idealerweise packen Sie die ganze Bewerbung inklusive Anschreiben in den Anhang Ihrer E-Mail und verweisen im E-Mail-Text lediglich auf das angehängte Bewerbungsdokument.
Das empfiehlt sich deshalb, weil viele Personalverantwortliche E-Mail-Bewerbungen abspeichern oder sie ausdrucken und zu den postalischen Bewerbungen legen, um sie mit diesen vergleichen zu können. Muss der Empfänger nur eine Datei im Anhang abspeichern oder drucken, hat er auf jeden Fall die komplette Bewerbung, selbst wenn er die E-Mail anschließend löscht.
Im Folgenden finden Sie die Einzelheiten zu jedem einzelnen Bestandteil Ihrer E-Mail-Bewerbung.

E-Mail-Text

Im E-Mail-Text verweisen Sie auf die angehängte Bewerbung.

Halten Sie den Text Ihrer E-Mail kurz. Lediglich einen Bezug zur gewünschten Stelle und einen Verweis auf das angehängte Bewerbungsdokument sollte er enthalten. Alles Wichtige zu Ihrer Person und Eignung gehört ins Anschreiben, das Sie in den Bewerbungsanhang packen. Beispiel:

Bewerbung als ..., Ihre Stellenanzeige in der F.A.Z.

Sehr geehrter Herr Müller,

mit Interesse habe ich Ihre Stellenausschreibung in der F.A.Z. gelesen. Gern möchte ich bei Ihnen als ... anfangen. Bitte berücksichtigen Sie meine Bewerbung im Anhang zu dieser Mail. Ich freue mich, von Ihnen zu hören.

Mit freundlichen Grüßen

Susanne Schmidt
Ahorngasse 13
90490 Nürnberg
Tel.: 0911 87654321
E-Mail: Susanne.Schmidt@mustermail.com

Rechtschreib- und Grammatikregeln beachten

Achten Sie unbedingt auf korrekte Rechtschreibung und Grammatik. Eine durchgängige Kleinschreibung, wie man sie oft in privaten E-Mails sieht, verbietet sich bei Bewerbungen. Zu den gängigen Standards gehören außerdem eine höfliche Anrede, ein ausformulierter Text und eine Grußformel ohne die im elektronischen Schriftverkehr weithin verbreiteten Abkürzungen wie »MfG« statt »Mit freundlichen Grüßen«. Auch eine elektronische Signatur, die Ihre vollständigen Kontaktdaten enthält, darf in Ihrer E-Mail nicht fehlen.

Anschreiben

Formale Standards

Das Anschreiben gehört nicht in den E-Mail-Text, sondern in den Anhang.

Ideal sind serifenlose Schriften.

Das Anschreiben formatieren Sie wie einen richtigen Brief. Nach den gängigen DIN-Empfehlungen stellen Sie die Seitenränder auf 24 mm (links) und auf mindestens 8 mm (rechts).

Als **Schriftart** wählen Sie zweckmäßigerweise eine bei Geschäftsbriefen übliche Schrift, auf keinen Fall aber eine außergewöhnliche Schmuck- oder Zierschrift. Empfehlenswert sind beispielsweise die Schriften Arial oder Helvetica, denn sie lassen sich am Bildschirm besonders gut lesen, weil sie keine Serifen haben (Serifen sind die kleinen Verdickungen an den Buchstaben, die bei vielen Schriftarten vorkommen und bei gedruckten Texten für bessere Lesbarkeit sorgen).

Je nach Länge des Anschreibens können Sie den Zeilenabstand enger oder weiter setzen.

Die ideale **Schriftgröße** liegt zwischen 10,5 und 12,5 Punkt. Der **Zeilenabstand** sollte bei 1,2 bis 1,4 liegen. Dafür wählen Sie etwa in Word unter dem Menübefehl »Format« → »Absatz« den Zeilenabstand »mehrfach« und geben im Feld dahinter die Zahl 1,2 ein.

Kontaktdaten im Briefkopf

Ganz oben im Briefkopf stehen Ihre **Absenderangaben.** Dazu gehören Ihr vollständiger Name, ggf. inklusive akademischer Grade, Ihre Postadresse, Telefonnummer, Handynummer und E-Mail-Adresse. Die erste Zeile für diese Angaben steht laut DIN 16,9 mm unter der oberen Blattkante. Darunter, 33,9 mm von der oberen Blattkante, folgt die **Adresse des Empfängers.** Es folgt – meist rechtsbündig nach einer Leerzeile – das **Datum.** Sie können den Ort voranstellen, müssen das aber nach heute üblichen Standards nicht mehr tun. Das Datum schreiben Sie in numerischer Form, also in einer der folgenden Varianten:

08.01.2010 (nach DIN 5008)
8. 1. 2010
8. 1. 10
08. 01. 10

Der Betreff wird fett gedruckt.

Das eigentliche Anschreiben leiten Sie nach ein oder zwei weiteren Leerzeilen mit einem **Betreff** ein, der maximal zwei Zeilen umfasst. Das Wort »Betreff« wird heute nicht mehr verwendet, stattdessen machen Sie den Betreff per Fettdruck kenntlich. Aus dem Betreff sollte hervorgehen, dass es sich um eine Bewerbung handelt und worauf Sie sich genau bewerben. Beispiel:

Bewerbung als Geschäftsführungsassistenz:
Ihre Stellenanzeige vom 01. 01. 2010 im Heidelberger Boten

Eine persönliche Anrede ist besser als die allgemeine Anrede »Sehr geehrte Damen und Herren«.

Brieftext in Absätze gliedern

Es folgen zwei weitere Leerzeilen und dann die **Anrede.** Wenn Sie den Namen des Empfängers kennen, sprechen Sie ihn namentlich an und nicht etwa mit »Sehr geehrte Damen und Herren«.
Den eigentlichen **Brieftext** gliedern Sie übersichtlich in einzelne Absätze. Hier bringen Sie die wichtigsten Angaben zu Ihrer Person, zu Ihrer Qualifikation und zu Ihrer Motivation, sich zu bewerben, unter. Tipps zum Inhalt finden Sie im nächsten Abschnitt. Zwischen einzelnen Absätzen im Anschreiben schalten Sie je eine halbe Leerzeile.
Die **Grußformel** und Ihr **Namenszug** bilden den Abschluss des Anschreibens. Es genügt, Ihren Namen zu tippen. Ein Unterschriftenscan braucht viel Speicherplatz.
Nach drei weiteren Leerzeilen folgt der **Anlagenvermerk.** Sie tippen hierzu einfach linksbündig das Wort »Anlagen«. Es ist nicht nötig, die einzelnen Anlagen darunter aufzuzählen.

Das Anschreiben sollte möglichst nicht länger als eine Seite sein. Es muss Ihnen gelingen, Ihre wichtigsten Vorzüge kurz, knapp und übersichtlich darzustellen.

Tipps zum Inhalt

Massen-E-Mails immer gleichen Inhalts bringen nicht den gewünschten Erfolg.

Versenden Sie die gleiche Bewerbung nicht an verschiedene Empfänger, sondern passen Sie das Anschreiben individuell an die gewünschte Stelle und den jeweiligen Empfänger an. Das Anschreiben gliedert sich üblicherweise in folgende Absätze:

Bezug auf das Stellenangebot

- **Bezug.** Erwähnen Sie zunächst das Stellenangebot, auf das hin Sie sich bewerben. Haben Sie bereits mit dem Empfänger telefoniert, beziehen Sie sich auf dieses Telefonat. Bei einer Initiativbewerbung machen Sie deutlich, was Sie bewogen hat, sich bei der betreffenden Firma zu bewerben.

Aussagen zur Person, zum Werdegang, zu den Qualifikationen

- **Vorstellung Ihrer Person.** Hierher gehören Aussagen zu Ihrer Person und Ihrem Werdegang. Heben Sie vor allem die Aus- und Weiterbildungen und Ihre Berufserfahrungen hervor, die zur gewünschten Stelle passen.
- **Fähigkeiten und Eignung.** Gehen Sie auf das Stellenprofil in der Anzeige ein. Welche Fähigkeiten sind erwünscht, welche Qualifikationen gefragt? Auch Soft Skills gehören dazu, z. B. Teamfähigkeit oder Kommunikationsstärke.

Gehaltsvorstellungen und Eintrittsdatum

- **Organisatorisches.** Falls in der Stellenanzeige nach Ihren Gehaltsvorstellungen oder dem frühestmöglichen Eintrittstermin gefragt wird, dürfen entsprechende Angaben nicht fehlen.

Hinweis auf das Vorstellungsgespräch

- **Aufforderung, Sie zum Gespräch einzuladen.** Mit der Bitte um einen Vorstellungstermin leiten Sie zur Grußformel über.

Versetzen Sie sich beim Schreiben in den Empfänger hinein und schildern Sie möglichst aus seiner Sicht, was Ihre Mitarbeit für ihn besonders wertvoll macht.

Muster Anschreiben

Simone Meier, Kirchenstraße 11, 91010 Erlangen
Tel.: 0176 11223344, E-Mail: Simone.Meier@musterweb.de

Traveltec GmbH
Herrn Volker Schlüter
Lohengrinallee 15
95414 Bayreuth

14.01.2010

Bewerbung als Sekretärin des Geschäftsführers
Ihre Stellenanzeige in der Franken-Zeitung

Sehr geehrter Herr Schlüter,

herzlichen Dank für Ihre telefonische Auskunft vom 12. Januar. Gern schicke ich Ihnen meine Bewerbung – mit der Bitte, sie vertraulich zu behandeln.
Ihre Ausschreibung sowie unser kurzes Gespräch zeigen mir, dass Sie den Wert eines guten Sekretariats kennen. Unter meiner Leitung wird Ihr Büro Ihnen den Rücken freihalten, damit Ihnen mehr Zeit für Ihre eigentlichen Aufgaben bleibt.

Nach meiner Ausbildung zur Bürokauffrau übernahm ich 1984 schnell verantwortliche Aufgaben in einer Hamburger Reederei. 1989 folgte ich meinem Mann nach Erlangen und arbeitete mit erziehungsbedingten Unterbrechungen in Teilzeit in einem Kleinunternehmen. Inzwischen sind meine Kinder erwachsen, und ich bin wieder ganztags tätig, derzeit als Teamsekretärin für den Vorstand einer Aktiengesellschaft.

Büroorganisation beherrsche ich aus dem Effeff. Ich bin kommunikationsstark (auch auf Englisch), flexibel und ich arbeite zügig und selbstständig. Die Herausforderung, ein Büro zu leiten, reizt mich. Ich könnte zum 1. April 2010 bei Ihnen beginnen. Über eine Einladung zum Vorstellungsgespräch würde ich mich freuen.

Mit freundlichen Grüßen

Simone Meier
Simone Meier

Anlagen

Lebenslauf mit Foto

Auf ein bis zwei Seiten fassen Sie die wichtigsten Angaben zu Ihrer Person und Ihrem Werdegang für den potenziellen Arbeitgeber zusammen.

Persönliche Daten inklusive Anschrift

Der Lebenslauf beginnt mit Ihren **persönlichen Daten.** Dazu gehören:

- Ihr Name
- Ihre Anschrift
- Ihr Geburtsdatum
- Ihr Geburtsort
- Ihre Staatsangehörigkeit
- Ihr Familienstand ggf. mit der Angabe zu Ihren Kindern

Die Eltern werden heute allenfalls noch bei Bewerbungen auf einen Ausbildungsplatz erwähnt. Die Religionszugehörigkeit führen Sie nur auf, wenn Sie sich auf eine konfessionell gebundene Stelle bewerben.

Der Werdegang in chronologisch auf- oder absteigender Reihenfolge

Im Anschluss an die persönlichen Daten führen Sie alle wichtigen Stationen in Ihrem Leben auf. Dabei empfiehlt sich eine **chronologische Aufstellung.** Es bleibt Ihnen überlassen, ob Sie Ihren Lebenslauf chronologisch auf- oder absteigend ordnen.

Letzteres ist die modernere Variante, die bei vielen Großunternehmen sowie Personalvermittlern üblich ist. In dieser Variante beginnen Sie mit Ihrer aktuellen Tätigkeit und hören mit Ihrer Schulbildung auf. In traditionellen Unternehmen ist dagegen der chronologisch aufsteigende Lebenslauf üblich, der mit der Schulbildung beginnt und die aktuelle Tätigkeit als letzte Station auflistet.

Überschriften verwenden

Sinnvoll ist eine Untergliederung in thematische Blöcke, die Sie jeweils mit Überschriften (z. B. »Schulbildung«, »Beruflicher Werdegang«) versehen.

Ordnen Sie den einzelnen Positionen die zugehörigen Stationen in Ihrem Leben zu. Üblicherweise versehen Sie jede Station mit einer Monats- und Jahresangabe. Meist werden Sie Zeitspannen angeben.

Einzelne Stationen näher erläutern

Sparen Sie nicht mit Erläuterungen zu einzelnen Arbeitgebern und Ihren vergangenen Stellen und zu Ihrer gegenwärtigen Tätigkeit. Beim Arbeitgeber sollten Sie kurz erwähnen, um was für ein Unternehmen oder um welche Einrichtung oder Behörde es sich handelt, sofern das nicht allgemein bekannt ist oder schon aus dem Namen hervorgeht. Bei Ihrer Tätigkeit listen Sie Ihre wichtigsten Aufgabengebiete auf. Sie unterstreichen Ihre Qualifikationen und sorgen dafür, dass Ihr Lebenslauf verständlich und anschaulich ist.

Zum Lebenslauf gehört auch ein thematischer Anhang.

Es gibt aber auch Bestandteile im Lebenslauf, die sich nicht unbedingt chronologisch einordnen lassen. Beispiele:

- Weiterbildungen
- Kenntnisse und Fertigkeiten
- Hobbys

Dort erübrigen sich Kalenderdaten. Diese Bestandteile führen Sie im thematischen Anhang auf – dann abermals unter den entsprechenden Überschriften.

Hobbys geben oft Aufschluss über entscheidende Qualifikationen.

Die Auflistung von Hobbys empfiehlt sich durchaus, auch wenn sie streng genommen in den privaten und nicht in den beruflichen Bereich fallen. Dennoch liefern viele Hobbys eine Einschätzung zum Charakter und zu den besonderen Qualifikationen eines Bewerbers. Deswegen schätzen es viele Personalverantwortliche durchaus, wenn ein Bewerber sie im Lebenslauf aufführt.

Ort, Datum und Namen unter den Lebenslauf setzen.

An den Schluss des Lebenslaufs setzen Sie den Ort, das Datum und Ihren Namen. Hier gilt dasselbe wie im Anschreiben: Um Speicherplatz zu sparen, genügt statt eines Unterschriftenscans auch der getippte Name.

Auf Übersichtlichkeit achten

Tabulatoren sorgen für eine saubere Aufstellung Ihrer Lebensdaten.

Mithilfe linksbündiger Tabulatoren gelingt Ihnen im Textverarbeitungsprogramm eine saubere Aufstellung Ihrer Lebensdaten und der zugehörigen Stationen. Auf diese Weise können Sie alle Punkte ordentlich untereinander auflisten. Erklärungen setzen Sie in Klammern dahinter. Üblich sind für den Lebenslauf ein bis zwei Seiten. Es ist aber nicht schlimm, wenn Ihr Lebenslauf sich über drei Seiten erstreckt. Übersichtlichkeit und Anschaulichkeit gehen hier vor.

Muster Lebenslauf

Lebenslauf

Name:	Simone Meier
Adresse:	Kirchenstr. 11 91010 Erlangen Tel.: 0176 11223344 E-Mail: Simone.Meier@musterweb.de
Geburtsdatum:	23.11.1965
Geburtsort:	Hamburg
Staatsangehörigkeit:	deutsch
Familienstand:	verheiratet, zwei erwachsene Kinder
	Schulische Ausbildung
06/1981	Realschulabschluss, Alster-Realschule, Hamburg
	Beruflicher Werdegang
08/1981 – 07/1984	Ausbildung zur Bürokauffrau, Reederei Janssen GmbH, Hamburg (mittelständische Reederei, 70 Angestellte)
08/1984 – 03/1989	Sekretärin Reederei Janssen GmbH, Hamburg Aufgaben: Büroorganisation, Korrespondenz, Betreuung von Gästen, Termin- und Reiseplanung
04/1989 – 12/2006	Teamsekretärin in Teilzeit Firma: Tramersdorf KG, Erlangen (Großhandel für Baustoffe, 300 Angestellte) Aufgaben: Korrespondenz, Telefonzentrale, Büroarbeiten (unterbrochen durch Kinder, Erziehungszeiten für je ein Jahr 1989/90 und 1991/92)

01/2007 – heute	Teamsekretärin Vorstandssekretariat in Vollzeit Firma: Holzhauer AG, Erlangen (Getriebehersteller, 2200 Angestellte) Aufgaben: Public Relations, Korrespondenz, Pressearbeit, Büroorganisation, Gästebetreuung, Termin- und Reiseplanung
	Weiterbildungen
01/2007	Wirtschaftsenglisch für Fortgeschrittene, Sprachenschule Werner, Bayreuth
08/2008	Chefentlastung durch flexible Büroorganisation, IHK Erlangen
11/2009	Windows 7, Institut für berufliche Weiterbildung, München
	Sonstige Kenntnisse und Fertigkeiten
	Englisch, sehr gut Französisch, Grundkenntnisse
	Hobbys
	Volleyball Kochen, Backen, Gäste bewirten

Erlangen, 14.01.2010

Simone Meier

Simone Meier

Lücken und Brüche im Lebenslauf nicht kaschieren

Lücken sowie abgebrochene Ausbildungen oder Studiengänge sind in vielen Lebensläufen zu finden und sind insofern keine Besonderheit, derentwegen Sie sich genieren müssten. Kaschieren Sie solche Lücken oder Brüche nicht. Sie fallen geschulten Personalverantwortlichen ohnehin auf – schon deswegen, weil in allen Zeugnissen üblicherweise das Anfangs- und Enddatum einer Ausbildung oder Beschäftigung genannt wird.

Manchmal ist eine Erläuterung angebracht.

Sie müssen sich dafür nicht rechtfertigen, können aber eine kurze, nachvollziehbare Erläuterung anfügen. Das empfiehlt sich vor allem, wenn einzelne Lücken in Ihrem Lebenslauf größer als drei Monate sind. Beispiele:

Lücken im Lebenslauf erklären

»Die Ausbildung beendete ich ohne Abschluss vorzeitig, weil die XY AG mir eine aussichtsreiche Vertriebstätigkeit anbot.«
»Die Ausbildung beendete ich ohne Abschluss, weil sie nicht meinen Erwartungen entsprach. Die Übergangsphase nutzte ich für ein Programmierpraktikum bei einem Softwareunternehmen.«
»Dreijährige Pause, um mich ganz der Erziehung meiner Tochter zu widmen«
»Sabbatjahr«

Vermeiden Sie das Wort »Arbeitslosigkeit«.

Vermeiden Sie bei diesen kurzen Beschreibungen negativ besetzte Worte wie »Arbeitslosigkeit«. Besser klingt der Begriff »Erwerbslosigkeit«. Sie können auch von einer »Orientierungsphase« sprechen. Erwähnen Sie außerdem, was Sie in dieser Zeit unternommen haben. Das kann eine berufliche Qualifizierung sein, aber auch dringende Familienangelegenheiten eignen sich durchaus als plausible und nachvollziehbare Erklärung. Beispiele:

»Die Zeit der Erwerbslosigkeit habe ich genutzt, um über Kurse an der Volkshochschule sämtliche modernen PC-Anwendungen zu erlernen.«
»In dieser Zeit habe ich mich um meinen Vater gekümmert, der nach dem plötzlichen Tod meiner Mutter zunächst recht hilflos war.«

Lassen Sie Ihr Bewerbungsfoto von einem Profi machen.

Foto

Auf den Lebenslauf, neben Ihre persönlichen Daten, gehört auch ein aktuelles Bewerbungsfoto. Das sollten Sie von einem Profi machen lassen, auch wenn es noch so günstig und verlockend scheinen mag, einen Freund oder Verwandten zu bitten, Sie mit einer Digitalkamera oder einem Handy abzulichten. Meist lässt die Qualität aber dann doch zu wünschen übrig – und mit einem schlecht ausgeleuchteten Digitalbild machen Sie keinen guten Eindruck.

Standard – auch bei E-Mail-Bewerbungen – ist ein **Porträtfoto** im Dreiviertelprofil. Wenn Sie Ihrem Fotografen sagen, dass Sie das Bild für eine Bewerbung brauchen, wird er wissen, was gemeint ist.

Ob Schwarz-Weiß- oder Farbfoto, ist reine Geschmackssache.

Ob Sie sich lieber mit einem Schwarz-Weiß- oder einem Farbbild bewerben, entscheiden Sie selbst. Entgegen allen Gerüchten gibt es in der Praxis keine eindeutigen Standards. Wenn Sie sich nicht entscheiden können, wählen Sie ein Farbbild. Das ist seit Jahrzehnten ein bewährter Klassiker.

Tipp

Gepflegt, kompetent, sympathisch – das ist die Wirkung, die Sie erzielen wollen.

Zum Fototermin kleiden Sie sich so, wie Sie zum Vorstellungsgespräch gehen würden. Wie formell das sein muss, kommt ein wenig auf die Branche an, in der Sie sich bewerben. Bei einer Bewerbung als Bankkaufmann kleiden Sie sich konservativer als bei einer Bewerbung auf einen Handwerksberuf.

Achten Sie aber in jedem Fall auf ein gepflegtes Erscheinungsbild, einen ordentlichen Haarschnitt, eine saubere Rasur bzw. ein dezentes und nicht etwa grelles Make-up. Vorsicht bei Fotos, die allzu sehr Ihre Attraktivität in den Vordergrund rücken: Sie wecken beim Betrachter oft Neid und Konkurrenzgefühle. Wichtiger als Schönheit ist eine kompetente und zugleich sympathische Ausstrahlung.

Eine Auflösung über 150 dpi bläht die Bewerbungsdatei unnötig auf.

Die **Auflösung** eines guten elektronischen Bewerbungsfotos liegt bei 72 bis 150 dpi. Auch dies sollten Sie Ihrem Fotografen mitteilen. Wenn Sie das Foto später noch selbst bearbeiten, ändern Sie an der Auflösung nichts.
Die optimale **Bildgröße** beträgt maximal 5 × 7 cm, wobei 4,5 × 6 cm inzwischen als Standard gilt.
Lassen Sie sich die Fotos im **Dateiformat** JPG erstellen. Dieses Format ist in allen gängigen Programmen vorhanden. Sie erhalten vom Fotografen in der Regel eine CD. Wenn Sie die JPG-Datei auf dem heimischen Rechner öffnen, können Sie das Bild in Textverarbeitungsprogrammen wie Microsoft Word einfach über den Befehl »Einfügen« → »Bild« bzw. »Grafik« → »Aus Datei« in Ihren Lebenslauf integrieren.

Anlagen

Fügen Sie die Anlagen bei, die Ihren Werdegang und Ihre Qualifikationen belegen.

Zu Ihrer E-Mail-Bewerbung gehören auch Anlagen als Nachweis für Ihre Qualifikationen. Vereinzelt empfehlen Personalverantwortliche oder -berater zwar, auf Anlagen ganz zu verzichten, damit das Datenpaket der E-Mail-Bewerbung nicht zu umfangreich wird. Das erscheint aber wenig praktikabel, denn nicht jeder Empfänger möchte bei Interesse die entsprechenden Zeugnisse und Arbeitsproben nachfordern.
Die meisten Personalverantwortlichen wollen durchaus sofort Belege für die Aussagen sehen, die Sie in Ihrem Anschreiben und Lebenslauf gemacht haben. Anlagen sollten Sie daher als Scan in Ihre Bewerbung integrieren. Zunächst geht es um die Frage, welche Anlagen Sie mitschicken sollten. Das sind vor allem:

Schul-, Hochschul-, Ausbildungs- und Arbeitszeugnisse

- Schulzeugnisse. Hier genügt das Zeugnis des höchsten Schulabschlusses. Bei Bewerbungen auf einen Ausbildungsplatz fügen Sie das letzte Schuljahres- und das letzte Zwischenzeugnis bei.
- Abschlusszeugnis der Universität
- Ausbildungszeugnis

- Arbeitszeugnisse bisheriger beruflicher Tätigkeiten. Wichtig sind sämtliche Zeugnisse relevanter Arbeitgeber. »Relevant« sind alle Arbeitsstellen, von denen Sie ein Einkommen bezogen haben, mit denen Sie als Berufsanfänger erste berufliche Erfahrungen nachweisen können oder als Quereinsteiger belegen, dass Sie schon in dem gewünschten Bereich gearbeitet haben. Das können auch Praktikumszeugnisse sein.

Auch schlechte Zeugnisse beifügen

Auch schlechte Arbeitszeugnisse gehören in die Bewerbungsmappe, Sie dürfen sie nicht unterschlagen. Jedes fehlende Zeugnis würde beim Empfänger nur Misstrauen hervorrufen.
Machen Sie sich darauf gefasst, ggf. im Vorstellungsgespräch auf eine nachteilige Beurteilung angesprochen zu werden, und denken Sie sich eine plausible Begründung aus, z. B.: »Wir hatten unterschiedliche Auffassungen über die Entwicklungsperspektive meiner Position. Das schlug sich in der Bewertung nieder.« Über den Zeugnisaussteller sollten Sie jedoch nie schlecht reden, das würde Ihnen nur Minuspunkte einbringen.

Weiterbildungszertifikate und Referenzen

Nehmen Sie als Anlagen schließlich auch Dokumente auf, aus denen die besondere Eignung für die ausgeschriebene Stelle hervorgeht. Etwa allgemein anerkannte Sprachtests oder Weiterbildungszertifikate. Auch die Referenz eines früheren Kunden kann diesen Zweck erfüllen.

Arbeitsproben nur beifügen, wenn diese ausdrücklich verlangt wurden

Arbeitsproben senden Sie nur mit, falls welche verlangt werden. Das ist in der Regel bei kreativen und planenden Berufen wie z. B. Journalisten, Mediengestaltern, Grafikern und Architekten der Fall.

Tipps zu Gestaltung, Technik und Versand

Oberstes Prinzip: die einfache Handhabung durch den Empfänger

Die E-Mail-Bewerbung sollten Sie so gestalten, dass Personalverantwortliche sie leicht öffnen und lesen und ebenso leicht abspeichern, wieder aufrufen und bei Bedarf ausdrucken können.
Aus diesem Grund empfiehlt sich, wie bereits erwähnt, der Versand einer kurzen E-Mail, an die die eigentliche Bewerbung als vollständiges Dokument angehängt wird. Hierzu einige Tipps.

Gestaltung

Auf unnötige Verzierungen sollten Sie verzichten.

Eine E-Mail-Bewerbung muss kein Kunstwerk sein, sondern ein Dokument, das dem Empfänger möglichst übersichtlich mit wenigen Mausklicks alle nötigen Informationen über Sie als Bewerber liefert.
Verzichten Sie daher auf aufwendige Schmuckschriften, auf eine Bebilderung Ihrer Bewerbung oder auf Zierrahmen. Sie kosten nur unnötigen Speicherplatz und stören womöglich beim Lesen.
Achten Sie aber sehr wohl auf Einheitlichkeit Ihrer Bewerbung. Wenn Sie etwa eine Kopf- oder Fußzeile verwenden, sollte diese gleichermaßen im Anschreiben wie im Lebenslauf auftauchen.

Die eigenen Kontaktdaten in E-Mail und Anhang unterbringen

Ihre Kontaktdaten mitsamt Ihrer E-Mail-Adresse gehören nicht nur in die Signatur der einleitenden E-Mail. Auch im Anschreiben und im Lebenslauf sollten Sie sie unterbringen. Selbst wenn der Empfänger die ursprüngliche E-Mail gelöscht und nur den Bewerbungsanhang abgespeichert hat, muss er in der Lage sein, Ihre Kontaktdaten zu finden.

Keine Massen-E-Mails versenden

Bewerbung individuell an jeden Empfänger anpassen

Ihre E-Mail-Bewerbung hat nur eine Chance, wenn Sie sie individuell auf jeden einzelnen Empfänger abstimmen.
Der massenweise Versand gleicher Bewerbungen an Dutzende von Empfängern führt so gut wie nie zum Erfolg. Personalverantwortliche achten sehr darauf, ob ein Bewerber auf das gewünschte Anforderungsprofil in der Stellen-

ausschreibung oder bei Initiativbewerbungen auf die Besonderheiten des jeweiligen Betriebs eingehen. Wer das nicht tut, bekommt womöglich noch nicht einmal eine Absage als Rückmeldung. Dessen Bewerbung wird dann einfach kommentarlos gelöscht.

Um jede Bewerbung individuell auf den jeweiligen Empfänger auszurichten, machen Sie sich vorher einige Gedanken zu folgenden Fragen:

Gehen Sie auf die gewünschte Stelle und den potenziellen Arbeitgeber ein.

- Was macht die Stelle für Sie so attraktiv? Das können ein reizvolles Aufgabengebiet oder eine besonders große berufliche Herausforderung oder die guten Aufstiegschancen sein.
- Welche Besonderheiten hat der mögliche Arbeitgeber vorzuweisen? Wenn Sie beispielsweise in einem Nebensatz die Innovationskraft, die Kundenorientierung oder die hohe soziale Verantwortung des Unternehmens loben, bringt Ihnen das Pluspunkte ein. Die Voraussetzung ist natürlich, dass Sie sich vorher eingehend mit dem potenziellen Arbeitgeber beschäftigt und ein paar Recherchen angestellt haben.

Technik

Sie haben die Bestandteile einer vollständigen Bewerbung kennengelernt. Jetzt geht es darum, diese Bestandteile zu einer einheitlichen elektronischen Bewerbung zusammenzubauen. Hierbei helfen Ihnen die Hinweise in den folgenden Abschnitten.

Anlagen richtig einscannen

Zeugnisse und Nachweise einscannen

Ihre Dokumente für die Onlinebewerbung müssen Sie einscannen, was mit einem handelsüblichen Scanner, der gängigen Software und einem modernen Betriebssystem in der Regel kein Problem ist.

Sie haben in aller Regel die Wahl, ob Sie den Scan aus dem Textverarbeitungsprogramm heraus oder mit der Scannersoftware anfertigen:

- In Ihrem Textverarbeitungsprogramm lässt sich der Scan meist über die Menüpunkte »Einfügen« → »Bild« → »Scannen« in ein bestehendes Dokument integrieren. Die erforderliche »Quelle«, nach der dann gefragt wird, ist Ihr Scanner.
- Alternativ können Sie Ihre Anlagen aber auch über das mit dem Scanner mitgelieferte Programm einscannen. Folgen Sie den Anweisungen der Software. Speichern Sie den Scan zunächst als separate Datei ab. Erst später integrieren Sie ihn in die einheitliche Bewerbungs-PDF-Datei.

Fünf Tipps für gelungene Scans

Speichern Sie Ihre Scans als PDF-Dateien ab, Fotos als JPG.

Tipp 1: Wählen Sie als Auflösung 72 bis 150 dpi. Das mag wenig erscheinen, reicht aber für Zeugnisse und andere Dokumente.

Tipp 2: Wenn Sie die Datei zunächst gesondert abspeichern, wählen Sie 150 dpi. Dann können Sie diese besser bearbeiten, etwa die Ränder wegschneiden. Erst die bearbeitete Endfassung speichern Sie dann mit einer Auflösung von 72 dpi. Ausschnitte aus Tageszeitungen brauchen eine höhere Auflösung von bis zu 240 dpi, um lesbar zu sein.

Tipp 3: Wollen Sie ein Dokument oder Foto vergrößern, rechnen Sie mit einem Vergrößerungsfaktor. Wenn Sie ein Bild verdoppeln möchten, rechnen Sie mit dem Vergrößerungsfaktor 2, also: 2 × 72 dpi = 144 dpi.

Tipp 4: Speichern Sie Fotos am besten als JPG-Datei, alles andere als PDF.

Tipp 5: Für Schwarz-Weiß-Fotos ist die Einstellung »8-Bit Graustufen« empfehlenswert. Handelt es sich um reine Textdateien, kann eine »1-Bit«-Einstellung genügen. Hier sollten Sie testen, welche Einstellung eine ausreichende Qualität liefert.

Wenn Sie alle erforderlichen Anlagen gescannt haben, fassen Sie sie – zusammen mit Anschreiben und Lebenslauf – anschließend in einer einzigen PDF-Datei zusammen.

Machen Sie aus mehreren Dokumenten eines – Ihre Bewerbungsdatei.

Als Dateiformat sind ausschließlich PDFs empfehlenswert.

PDF aus allen Unterlagen erstellen
Integrieren Sie sämtliche Dokumente, die zu Ihrer Bewerbung gehören, in **eine einzige Datei.** Kein Personalverantwortlicher wäre glücklich über eine E-Mail, an die zehn oder noch mehr Dateien angehängt sind, die er alle einzeln öffnen, abspeichern oder ausdrucken muss. Seien Sie außerdem vorsichtig mit verschiedenen **Dateiformaten.** Längst nicht jeder Empfänger kann mühelos eine PPT-, TIF- oder BMP-Datei öffnen. Die einzelnen Rechner sind technisch sehr unterschiedlich ausgestattet, und was der eine als gängiges Dateiformat betrachtet, muss für den anderen noch lange nicht Standard sein.

Programme zur PDF-Erstellung

Freeware zur PDF-Erstellung nutzen

Das Standardprogramm zum Lesen und Erstellen von PDFs ist der »Acrobat Reader« des Softwareanbieters Adobe. Sie können ihn im Internet herunterladen. Die Adresse des Anbieters lautet:
http://get.adobe.com/de/reader/.
Ist Ihnen dieses Programm zu groß oder gelingt die Installation nicht, bieten sich als Ersatz Freewareprogramme wie etwa »PDF Annotator« oder »Free PDF« an. Diese und weitere Software zur PDF-Erstellung finden Sie, indem Sie in eine Suchmaschine die Begriffe »PDF erstellen« oder »Create PDF« eingeben.

Allgemein anerkannt und auf den meisten Rechnern lesbar sind aber **PDF-Dokumente.** In ein solches PDF sollten Sie Ihre Bewerbung auch umwandeln. PDF-Dokumente sind ideal, da sie gut lesbar und auf jeden Fall virenfrei sind. Mit diversen Programmen aus dem Internet können Sie

aus den verschiedenen Dokumenten, die zu Ihrer Bewerbung gehören, problemlos ein einziges PDF erstellen, das Sie dann an Ihre E-Mail anhängen.
Nach der Installation eines PDF-Programms können Sie Ihre einzelnen Bewerbungsdokumente in eine Datei packen. Dabei gehen Sie folgendermaßen vor:

So integrieren Sie sämtliche Bewerbungsdateien in ein einziges PDF-Dokument.

1) Öffnen Sie die einzelnen Dokumente mit Ihrem Textverarbeitungssystem, hier beispielhaft »Word«. Gehen Sie auf das Menü »Datei« → »Drucken« und wählen Sie als vermeintlichen Drucker Ihr PDF-Programm aus. Manchmal finden Sie die entsprechende Funktion auch unter dem Befehl »In PDF exportieren« anstatt der Druckfunktion.
2) Wenn Sie jetzt alle Bewerbungsdokumente einzeln als PDF gespeichert haben, öffnen Sie das PDF-Programm. Klicken Sie im Menü auf »Bearbeiten« → »Seite einfügen« und wählen Sie die einzelnen Dokumente aus, die Sie Ihrer Bewerbungs-PDF hinzufügen möchten.
3) Wiederholen Sie die Schritte, bis alle Dokumente in einer einzigen PDF untergebracht sind.
4) Prüfen Sie unter »Datei« → »Eigenschaften« oder in Ihrem Dateimanager, zum Beispiel dem »Windows Explorer«, wie groß Ihre Datei ist. Ihre Bewerbung sollte eine Größe von 1,5 bis 2 MB möglichst nicht überschreiten.
5) Ist Ihre Bewerbungs-PDF deutlich größer, entfernen Sie einzelne Seiten wieder, etwa Nachweise oder Arbeitsproben, die Sie nicht unbedingt brauchen. In Ihrem PDF-Programm können Sie, meist unter dem Menüpunkt »Bearbeiten«, dafür den Befehl »Seite löschen« auswählen. Etwas Speicherplatz lässt sich auch sparen, wenn Sie ein Schwarz-Weiß- statt eines Farbfotos verwenden und auf Unterschriftenscans verzichten.

Reihenfolge: Anschreiben, Lebenslauf, Zeugnisse, sonstige Nachweise, Arbeitsproben

Ordnen Sie die einzelnen Dateien in der richtigen **Reihenfolge** an: Nach dem Anschreiben folgt der Lebenslauf mit Foto, dann folgen die Anlagen, wobei Sie diese zunächst nach Themenfeldern sortieren: Arbeitszeugnisse, Ausbildungszeugnisse, Weiterbildungszertifikate, Schulzeugnisse und Arbeitsproben. Innerhalb dieser Blöcke nehmen Sie die Anlagen chronologisch in Ihr PDF-Dokument auf – die jüngsten Dokumente zuerst.

Achten Sie auf einen aussagekräftigen Namen für Ihre Bewerbungsdatei.

Geben Sie Ihrer Bewerbung einen eindeutigen **Dateinamen.** Die früher geltende Beschränkung auf maximal acht Zeichen ist nicht mehr erforderlich. In der Dateibezeichnung sollte möglichst das Wort »Bewerbung« – ggf. abgekürzt – und Ihr Name auftauchen, eventuell empfiehlt sich auch der angestrebte Beruf. Beispiele:

BewerbungProgrammierer_Max_Schulze.pdf
Bewerb_Angela_Herb_Verkäuferin.pdf

Der Anhang sollte nicht größer als 2 MB sein.

Falls Sie deutlich über der empfohlenen **Maximalgröße** von 2 MB liegen, können Sie den Anhang mit einem Zipprogramm komprimieren, das heißt für den Versand verkleinern. Ein solches Programm steht beispielsweise in den »Windows«- Betriebssystemen zur Verfügung. Im Dateimanager »Windows Explorer« klicken Sie dafür Ihre Bewerbungsdatei mit der rechten Maustaste an und wählen aus dem Klappmenü den Befehl »Senden an« → »Zipordner«.

Die Datei im Anhang lässt sich notfalls komprimieren.

Eine Zipdatei sollten Sie aber nur im Notfall versenden, denn die Handhabung ist für den Empfänger etwas umständlicher als bei einer PDF-Datei. Versenden Sie, wann immer möglich, lieber eine schlankere PDF-Datei als eine komprimierte Zipbewerbung.
Falls Sie mit einer PDF im Anhang nicht auskommen, sollten Sie sich zumindest auf drei Dateien im Anhang beschränken. Mehr ist dem Empfänger auf keinen Fall zuzumuten. Achten Sie auch hier auf eine klare, eindeutige Benennung der einzelnen Dateien.

Versand

Bevor Sie Ihre Bewerbung tatsächlich per E-Mail an den gewünschten Empfänger versenden, sollten Sie noch folgende Punkte beachten.

Verwenden Sie eine seriöse E-Mail-Adresse

Nicht jede E-Mail-Adresse ist für Bewerbungen geeignet.

Denken Sie daran, dass sich nur eine seriöse Absenderadresse für eine elektronische Bewerbung eignet. Auf keinen Fall sollte ein Spitzname oder Kosename darin auftauchen.

»Karinmausi@musterweb.de« wäre also ungeeignet.

Ebenso wenig geeignet sind E-Mail-Adressen mit einem Hinweis auf Musikstars oder Schauspieler, die Sie womöglich bewundern oder denen Sie nacheifern.

»Rapperking@beispielserver.com« wäre ebenfalls nicht empfehlenswert.

Für eine elektronische Bewerbung aus ungekündigter Stellung heraus verbietet sich außerdem der Gebrauch Ihrer aktuellen geschäftlichen E-Mail-Adresse, die Ihr derzeitiger Arbeitgeber für Sie eingerichtet hat. Sonst liegt der Verdacht für den Empfänger nahe, Sie würden Ihre Arbeitszeit dazu verwenden, sich anderswo zu bewerben, was nicht gerade den besten Eindruck hinterlässt.

Eine Bewerbungsadresse können Sie sich kostenlos zulegen.

Legen Sie sich bei Bedarf extra für Bewerbungszwecke lieber eine neutrale E-Mail-Adresse bei einem der gängigen Freemailanbieter zu. Das Bauschema einer E-Mail-Adresse lautet üblicherweise:

vorname.name@anbieter.de
vorname-name@anbieter.de
vorname_name@anbieter.de
VornameName@anbieter.de

Ist Ihr Name recht häufig, kann es gut sein, dass die gewünschte E-Mail-Adresse schon vergeben ist. In einem solchen Fall können Sie sich aber problemlos mit einem Zusatz vor Ihrem Namen behelfen. Beispiele:

post.vorname.name@anbieter.de
mail.vorname.name@anbieter.de

Versenden Sie Ihre E-Mail im Nur-Text-Format.

E-Mail-Format

Die E-Mail selbst versenden Sie am besten im Nur-Text-Format und nicht etwa im HTML-Format. Zwar bietet das HTML-Format die Möglichkeit, den E-Mail-Text grafisch nach Ihren Wünschen zu gestalten, mit einem farbigen Hintergrund zu versehen, verschiedene Schriftarten, -größen und -farben zu wählen und Bilder oder Grafiken einzubauen. Aber nicht jeder Empfänger kann solche HTML-Mails mit seinem E-Mail-Programm auch einwandfrei darstellen. Sie wissen daher nie genau, wie Ihre E-Mail auf dem Bildschirm des Empfängers tatsächlich aussieht. Anders als bei Nur-Text-Nachrichten ist bei E-Mails im HTML-Format auch nicht garantiert, dass sie frei von Viren und Trojanern sind, was manchen Empfänger abschrecken dürfte, HTML-Mails überhaupt als solche zu öffnen. Wenn möglich, stellen Sie in Ihrem Mailprogramm den Nur-Text-Versand ein, damit umgehen Sie solche Schwierigkeiten von vornherein.

Bei »Microsoft Outlook« geht dies beispielsweise über »Extras« → »Optionen« → »E-Mail-Format«. Bei Freemailanbietern verbirgt sich diese Funktion oft unter »E-Mail« → »Optionen« → »Senden« oder → »Schreiben«.

Bewerbung erst testweise an die eigene E-Mail-Adresse schicken

Testversand

Bevor Sie Ihre Bewerbungs-E-Mail mitsamt Anhang an den gewünschten Empfänger senden, senden Sie sie probehalber zunächst an sich selbst oder an eine Person Ihres Vertrauens ab. Damit können Sie prüfen, ob die E-Mail so aussieht, wie Sie sich das vorgestellt haben. Außerdem sehen Sie dann, ob Sie nicht etwa den Anhang vergessen haben.

Erst wenn Sie sich von der Vollständigkeit und Korrektheit überzeugt haben, schicken Sie die E-Mail erneut ab – diesmal an den richtigen Empfänger.

Empfangsbestätigung

Funktion »Empfangsbestätigung« ausschalten

Bei den meisten E-Mail-Versandprogrammen können Sie eine Empfangsbestätigung anfordern. Auf keinen Fall sollten Sie aber den Empfänger um eine manuelle Bestätigung bitten. Dann muss er persönlich mit einem Mausklick bestätigen, dass er die Mail auch wirklich erhalten und gelesen hat, was ihm bei einem vermehrten Eingang solcher E-Mail-Bewerbungen schnell zur Last fallen kann. Wenn schon, dann ist die automatische Empfangsbestätigung die bessere Alternative. Aber auch das empfiehlt sich nicht unbedingt, denn manche E-Mail-Programme sind so eingestellt, dass sie nicht automatisch Empfangsbestätigungen versenden, sondern dafür doch noch per Rückfrage das Einverständnis des Empfängers einholen.

Setzen Sie sich selbst als Empfänger in das Feld »Bcc«.

Es gibt eine bessere Alternative zur Empfangsbestätigung. Setzen Sie einfach Ihre eigene E-Mail-Adresse in das Feld »bcc«. Die Abkürzung steht für »blind carbon copy« und bedeutet »Blindkopie« – wörtlich heißt »carbon copy« »Kohlepapierdurchschlag«. Steht Ihre Adresse im bcc-Feld, sind Sie für das Unternehmen, bei dem Sie sich bewerben, nicht als zweiter Empfänger ersichtlich. Sie sehen in Ihrem Posteingang, ob, wann und in welchem Zustand Ihre E-Mail tatsächlich versandt worden ist.
Auch wenn Sie dadurch letztlich keine Garantie haben, dass Ihre E-Mail tatsächlich auch im Postfach des gewünschten Empfängers eingetroffen und nicht etwa in seinem Spamfilter gelandet ist, haben Sie so zumindest die Gewissheit, dass beim eigentlichen Versand nichts schiefgelaufen ist.

Bewerbung abspeichern

Speichern Sie jede versendete Bewerbung separat ab.

Speichern Sie jede Bewerbung ab, die Sie versendet haben. Dann wissen Sie später bei einem eventuellen Vorstellungsgespräch, was Sie genau bei dem betreffenden potenziellen Arbeitgeber geschrieben haben.

Denn die einzelnen Bewerbungen können – und sollten! – durchaus voneinander abweichen. Es kommt schließlich darauf an, welche Gewichtung Sie im Hinblick auf die gewünschte Stelle bei Ihren Fähigkeiten und Neigungen und bei den einzelnen Stationen in Ihrem Lebenslauf vorgenommen haben.

Bewerbung später wieder durchlesen

Vor jedem Vorstellungsgespräch sollten Sie sich die entsprechende Bewerbung noch einmal durchlesen. Dann sehen Sie, welche Angaben Sie gemacht haben, und können die Fragen dazu in Übereinstimmung damit beantworten. Es würde dagegen keinen guten Eindruck machen, wenn es zwischen Ihrer Bewerbung und Ihren Antworten im Vorstellungsgespräch Widersprüche gäbe.

Masterdatei für weitere Bewerbungen

Eine Masterdatei dient Ihnen als Vorlage für weitere E-Mail-Bewerbungen.

Sinnvoll ist überdies für Ihre weitere Bewerbungskampagne die Erstellung einer Masterdatei. Das ist eine Art Universalbewerbung, in der all Ihre Qualifikationen und all Ihre Stationen im Lebenslauf ausführlich beschrieben sind. Sie kann Ihnen bei jeder neuen Bewerbung als Vorlage dienen.

Sie versenden allerdings niemals diese Masterdatei, denn sie wird in der Regel viel mehr Material enthalten als für die einzelnen Bewerbungen nötig. Vielmehr können Sie die Masterdatei dann individuell – je nach ausgeschriebener Stelle und möglichem Arbeitgeber – abspecken, anpassen und abwandeln.

Fehler immer in der Masterdatei korrigieren

Wenn Sie nachträglich Fehler in einer versendeten Bewerbung finden oder wenn Ihnen für einzelne Textbausteine in Ihrem Anschreiben oder Lebenslauf bessere Formulierungen einfallen, ändern Sie dies immer in Ihrer Masterdatei. Dann steht Ihnen für weitere Bewerbungen die verbesserte Version zur Verfügung.

Aus dieser Datei erstellen Sie dann die individuellen Bewerbungen. Dabei heben Sie jeweils die Qualifikationen und die Stationen in Ihrem Leben hervor, die besonders gut zur ausgeschriebenen Stelle und zum betreffenden Arbeitgeber passen.

Checkliste E-Mail-Bewerbung

Ist Ihre Bewerbung vollständig?

- ☐ Anschreiben
- ☐ Lebenslauf
- ☐ Schulzeugnis (höchster Schulabschluss)
- ☐ Zeugnis Hochschulabschluss
- ☐ Ausbildungszeugnis(se)
- ☐ Arbeitszeugnisse
- ☐ Weiterbildungszeugnisse
- ☐ ggf. Arbeitsproben

Ist Ihre Bewerbung ansprechend und korrekt?

- ☐ Keine Zierschriften, keine Schmuckrahmen, keine auffälligen Gestaltungselemente, Hintergrundbilder, Rahmen etc. verwendet
- ☐ E-Mail-Text, Anschreiben und Lebenslauf auf Rechtschreib- und Grammatikfehler überprüft
- ☐ E-Mail-Text mit elektronischer Signatur versehen

Ist Ihre Bewerbung technisch einwandfrei?

- ☐ E-Mail-Text im Nur-Text-Format verfasst
- ☐ Nur eine PDF-Datei im E-Mail-Anhang versendet
- ☐ Maximale Dateigröße 2 MB
- ☐ Testversand erfolgreich
- ☐ Keine automatische Empfangsbestätigung eingestellt
- ☐ Bewerbung zusätzlich »bcc« an die eigene E-Mail-Adresse versendet

Haben Sie Ihre Bewerbung abgespeichert?

- ☐ Bewerbungsdokument für jeden einzelnen Empfänger abgespeichert
- ☐ Masterdatei als Vorlage für weitere Bewerbungen erstellt

Viele Firmen, aber auch Stellenportale im Internet bieten die Möglichkeit, sich über ein Onlineformular zu bewerben oder ein Bewerberprofil anzulegen. Daneben spielen soziale Netzwerke eine immer größere Rolle bei der Rekrutierung geeigneter Bewerber, denn auch Personalverantwortliche und -vermittler schauen sich dort um. Wenn Sie langfristig auf Stellensuche gehen wollen, lohnt es sich, Ihren Eintrag auf Facebook, Xing oder sonstigen Portalen dafür zu optimieren.

Rund 25 Prozent aller Onlinebewerbungen werden über Onlineformulare eingereicht. Dies sind standardisierte Eingabeformulare, die vor allem aus Sicht der potenziellen Arbeitgeber große Vorteile haben.

Rechnergestützte Vorauswahl der Bewerber

Onlineformulare sind für Arbeitgeber kostengünstig, wenn sie erst programmiert und auf der Unternehmenswebsite implementiert sind. Sie helfen bei der automatisierten Vorauswahl. Die Daten, die ein Bewerber eingibt, werden automatisch in einer Datenbank gespeichert. Über die Stichwortsuche lassen sich die Bewerbungen geeigneter Kandidaten aus der Vielzahl der Einträge herausfiltern. Außerdem entfällt der teure und oft lästige Postversand von Zwischenbescheiden und die Rücksendung abgelehnter Bewerbungsmappen.

Die Konkurrenz ist groß.

Für Sie als Bewerber sind die Vorteile aber weniger groß: Auf Onlineformularen bewirbt sich die Masse der Stellensuchenden. Die Konkurrenz ist groß, die Datenflut ebenso. Nicht immer funktioniert die automatisierte Vorauswahl geeigneter Bewerber einwandfrei. Es kann also durchaus sein, dass Ihre Bewerbung in der Flut anderer Bewerbungseinträge regelrecht untergeht. Das gilt es zu vermeiden.

Onlinebewerbungsformulare bieten potenzielle Arbeitgeber, aber auch diverse Stellenportale im Internet an.

Neben Firmen und Behörden bieten auch diverse Stellenportale solche Onlineformulare an. Sie können dort Ihr Bewerberprofil hinterlegen in der Hoffnung, dass ein Personalverantwortlicher oder -vermittler, der eine passende Stelle zu bieten hat, anhand der Eingaben auf Ihre Bewerbung stößt.

Zunächst sollten Sie sich fragen, wann sich eine Bewerbung per Onlineformular überhaupt für Sie lohnt und wann Sie diesen Bewerbungsweg besser nicht wählen.

Wann Onlineformulare empfehlenswert sind

Verweist ein Arbeitgeber auf sein Formular im Internet, müssen Sie sich dort bewerben.

Wenn Sie auf das Stellenangebot eines möglichen Arbeitgebers stoßen, das Sie zur Bewerbung auf das **Onlineformular auf der Firmenwebsite** verweist, haben Sie faktisch keine andere Wahl. Sie müssen diesen Bewerbungsweg einhalten. Postalische oder E-Mail-Bewerbungen werden von solchen Arbeitgebern in der Regel nicht mehr akzeptiert. Denn sie haben sich in der Regel bewusst für diese Form der Bewerbungsverwaltung und -auswahl entschieden. Sie haben viel Geld in die Programmierung der Formulare mitsamt der zugehörigen Datenbank investiert und sind daher nicht bereit, zusätzlichen Aufwand für andere Formen der Bewerbung – etwa E-Mail- oder postalische Bewerbungen – zu betreiben.

Bei ausgeschriebenen Stellen ist die Formularbewerbung sinnvoll.

Die Formularbewerbung auf Firmen- und Behördenwebsites lohnt sich vor allem bei **ausgeschriebenen Stellen.** Hier können Sie davon ausgehen, dass sich jemand zeitnah mit Ihrer Bewerbung beschäftigen wird. Sind mehrere Stellen gleicher Art ausgeschrieben, müssen Sie allerdings mit längeren Wartezeiten rechnen. Angenommen ein Technologiekonzern sucht laufend Elektroingenieure und Sie bewerben sich per Onlineformular auf eine solche Stelle. Dann kann die Wartezeit durchaus mehrere Wochen bis hin zu einem halben Jahr dauern. Das ist bei solchen Bewerbungsverfahren üblich.

Initiativbewerbungen auf Onlineformularen werden oft nicht berücksichtigt.

Mit einer **Initiativbewerbung,** die Sie in das Onlineformular einer Firma eingeben, haben Sie es oft schwer. Zwar haben in großen Firmen theoretisch viele Menschen mit Personalverantwortung Zugriff auf alle in der Datenbank gespeicherten Bewerbungsprofile. De facto wird dieses Angebot meist aber firmenintern doch nicht so rege ge-

nutzt, wie dies vielleicht möglich und wünschenswert wäre.
Bei Initiativbewerbungen besteht also die Gefahr, dass Sie in einem Onlineformular nur eine Karteileiche produzieren, die nicht weiter beachtet wird. Wenn Sie sich initiativ bewerben, machen Sie zugleich potenzielle Interessenten innerhalb der Firma telefonisch auf Ihre Bewerbung aufmerksam und bitten Sie sie, Ihr Bewerberprofil abzurufen.

Nur wenn Sie über gefragte Qualifikationen verfügen, lohnt die Eingabe Ihres Profils in ein Formular auf einer Internet-Stellenbörse.

Sehr durchwachsen sind die Erfahrungen mit **Onlineformularen diverser Internetstellenportale.** Jeder Bewerber kann sich dort einloggen und sein Bewerberprofil hinterlegen. Headhunter und Personalverantwortliche bezahlen monatlich eine bestimmte Summe an das Portal, um Zugriff auf diese Bewerberdaten zu haben.
Allerdings sind die Chancen, als Bewerber entdeckt zu werden, nicht so groß, wie man vielleicht meinen könnte. Die meisten Personalverantwortlichen scheuen den finanziellen und zeitlichen Aufwand, sich regelmäßig durch die Vielzahl der Bewerberprofile zu klicken. Realistische Chancen haben Sie vor allem, wenn Sie eine sehr gefragte Qualifikation zu bieten haben.
Auf jeden Fall müssen Sie auch hier viel Zeit mitbringen und dürfen nicht damit rechnen, dass sich Ihr Eintrag binnen kürzester Zeit bezahlt macht.

Sinnvolle Alternative zu Stellenportalen: ein Eintrag bei Facebook oder Xing

Eine Alternative sind Einträge bei **sozialen Netzwerken** wie Xing und Facebook. Dort finden Sie zwar keine Onlinebewerbungsformulare, haben aber doch die Möglichkeit, Ihre Qualifikationen zu benennen und Ihren Werdegang zu schildern.

Headhunter suchen häufig in sozialen Netzwerken nach geeigneten Kandidaten.

Nicht wenige Personalverantwortliche und -vermittler schauen sich regelmäßig auf solchen Seiten um.
Aber auch hier gilt: Am ehesten finden Sie über solche Einträge eine Stelle, wenn Sie gefragte Qualifikationen bieten und es nicht eilig haben, eine neue Stelle zu finden.
Im Folgenden einige Hinweise, was Sie beachten müssen, wenn Sie vorhaben, Ihr Bewerberprofil in ein Onlineformular einzutragen.

Achtung Datensicherheit!

Tragen Sie Ihre persönlichen Bewerberdaten nicht in ein Onlineformular ein, ohne zuvor zu prüfen, ob Sie dem Anbieter in Sachen Datenschutz vertrauen können. Nicht immer ist gewährleistet, ob etwa ein Stellenportal im Internet die Daten hinreichend verschlüsselt, sodass Unbefugte keinen Zugriff darauf haben.

Auch bei Unternehmen und Behörden sollten Sie vorher prüfen, was mit den Daten geschieht, die Sie eingeben. Folgende Leitfragen helfen Ihnen zu beurteilen, ob Sie dem Anbieter in Sachen Datensicherheit trauen können oder eher nicht:

- Macht der Anbieter Angaben dazu, wer auf Ihre Bewerberdaten zugreifen darf und wer nicht?
- Erfahren Sie im Vorfeld, was mit Ihren Daten geschieht, wie lange sie gespeichert werden, wie sie ausgewertet werden und wann sie gelöscht werden?
- Haben Sie selbst die Chance, Ihre Einträge zu einem späteren Zeitpunkt anzusehen, zu ändern oder zu löschen?
- Können Sie als Bewerber Sperrvermerke eingeben, um beispielsweise zu verhindern, dass Ihr momentaner Arbeitgeber, von dem Sie sich wegbewerben, Ihren Eintrag findet?
- Ist sichergestellt, dass sich Ihr Profil nicht einfach über eine Suchmaschine finden lässt, wenn jemand dort Ihren Namen eingibt?

Falls Sie erhebliche Zweifel daran haben, dass diese Sicherheitsstandards gewährleistet sind, sollten Sie von einem Eintrag in einem Onlinebewerbungsformular absehen.

Onlineformulare auf Firmenwebsites

Nicht alle Onlineformulare sind gleich. Es gibt große Unterschiede.

Die Formulare, die die verschiedenen Firmen und Behörden ihren Bewerbern im Internet anbieten, sind alles andere als einheitlich. Im Folgenden kann es deshalb nur darum gehen, Ihnen eine grobe Orientierung über das zu geben, was Sie erwarten kann und mit welchen Fragen Sie rechnen müssen.
Eines vorab: Eine Bewerbung per Onlineformular macht meist nicht weniger Arbeit als eine E-Mail-Bewerbung, sondern eher mehr. Denn zum einen sind Ihre Einträge im Formular selbst gefragt. Zum anderen verzichten die potenziellen Arbeitgeber in aller Regel trotzdem nicht auf die gängigen Bestandteile einer Bewerbung – das heißt, nicht selten müssen Sie ein Anschreiben und einen Lebenslauf und die wichtigsten Zeugnisse auf den betreffenden Server hochladen. Wenn Sie also eine fertige E-Mail-Bewerbung respektive Masterdatei haben, sind Sie für die Onlinebewerbung besser gerüstet als ohne.

Persönliche Daten

Füllen Sie die Pflichtfelder aus, aber geben Sie nicht unnötig viel von sich preis.

Zu Beginn werden Sie aufgefordert, Ihre persönlichen Daten einzugeben: Name, Adresse, Geburtsdatum und -ort, Telefonnummern und E-Mail-Adresse. Achten Sie auch hier darauf, eine seriöse Adresse und nicht etwa eine offensichtlich nur für gute Freunde gedachte Adresse anzugeben. Auch die E-Mail-Adresse bei Ihrem derzeitigen Arbeitgeber sollten Sie nicht verwenden. Lieber legen Sie sich eine neutrale Adresse bei einem Freemailanbieter zu.
Felder, in denen Sie nach Ihrer **geschäftlichen Telefonnummer** oder einer **alternativen E-Mail-Adresse** gefragt werden, können Sie getrost freilassen. Geben Sie nur die Kontaktdaten heraus, unter denen Sie selbst auch für das betreffende Unternehmen erreichbar sein möchten. Ansonsten halten Sie sich lieber bedeckt. Ob Sie diese Felder vollständig ausfüllen oder nicht, entscheidet später nicht

über die Vergabe der gewünschten Stelle. Angaben, die Sie vergessen, die aber unerlässlich sind, wird das System ohnehin per Fehlermeldung von Ihnen einfordern.

Eine persönliche Homepage sollten Sie nicht angeben.

Nicht selten wird nach Ihrer **persönlichen Website** gefragt. Die Angabe kann jedoch heikel sein, vor allem, wenn Sie eine Website ausschließlich für private Zwecke betreiben. Verzichten Sie auf die Angabe der entsprechenden Internetadresse oder sorgen Sie für eine Verschlüsselung. Was Sie dort etwa an privaten Bildern oder an persönlichen Blogs und Texten veröffentlichen, geht keinen möglichen Arbeitgeber etwas an.

Haben Sie dagegen eine Bewerbungshomepage gestaltet oder sind Sie in dem Bereich, in dem Sie sich jetzt bewerben, momentan selbstständig tätig, spricht nichts dagegen, Ihre Internetadresse anzugeben. Damit können Sie Ihre Eignung unterstreichen.

Fragen zu Ihren Qualifikationen

Sachliche Fragen zu Ihren Qualifikationen vollständig und umfassend beantworten

Bei allen inhaltlichen Fragen sollten Sie größten Wert auf eine vollständige Beantwortung legen. Meist haben Sie zunächst die Möglichkeit, einzugeben, auf welche Stelle Sie sich bewerben oder in welchem Unternehmensbereich und an welchem Standort Sie gerne tätig werden würden.

Dann werden Sie Frage für Frage durch das Onlineformular geleitet. Die Antworten können Sie teilweise aus einem Klappmenü auswählen, beispielsweise, wenn Sie nach Ihren Sprachkenntnissen gefragt werden. Von »perfekt« über »verhandlungssicher« bis hinunter zu »Grundkenntnisse« können Sie dann auswählen, was auf Sie zutrifft.

Es gibt aber auch Fragen, die eine Freitexteingabe vorsehen, so üblicherweise die nach Ihren **Kenntnissen, Erfahrungen und Fähigkeiten.** Oft sind Stichworte gefragt, dann sollten Sie keine langen Sätze schreiben.

Bei der Eingabe auf korrekte Formulierungen achten

Wenn Sie einen Text formulieren, achten Sie darauf, dass er hinsichtlich Rechtschreibung und Grammatik korrekt ist. Zur Not formulieren Sie einen Text erst in Ihrem Textverarbeitungsprogramm und schalten die automatische Rechtschreibhilfe ein, bevor Sie ihn markieren, ausschneiden und ins entsprechende Eingabefeld des Onlineformulars kopieren.

Führen Sie möglichst Belege für Ihre Qualifikationen an.

Entscheidend ist, nicht all Ihre Kenntnisse, Erfahrungen und Fähigkeiten aufzuzählen, sondern vorwiegend diejenigen, die im Hinblick auf die gewünschte Stelle von Belang sind. Empfehlenswert ist außerdem eine kurze Erklärung oder ein Nachweis zu der entsprechenden Angabe:

- Wenn Sie etwa eine Führungsposition anstreben, sollten Sie entsprechende Führungsqualitäten anführen und möglichst mit Führungserfahrung aus vergangenen Tätigkeiten auch belegen.

Musterformulierung
Führungsstärke: Bei meiner letzten Tätigkeit als Abteilungsleiterin bei ... trug ich Verantwortung für 15 Mitarbeiter.

- Wenn Sie sich auf eine Vertriebsposition bewerben, dann sollten Sie Ihre kommunikativen Fähigkeiten erwähnen.

Musterformulierung
Kontaktfreude und Kommunikationsstärke: Ich knüpfe spielend neue Kontakte und komme schnell mit Menschen ins Gespräch. Das kam mir schon bei meiner bisherigen Tätigkeit als Versicherungsmakler zugute.

Schlüsselwörter gebrauchen

Nicht besonders außergewöhnliche Formulierungen sind gefragt, sondern die richtigen Schlüsselwörter (»Keywords«), nach denen jeder im Netz oder in einer Datenbank suchen würde. Denn der größte Vorteil solcher Onlineformulare ist, dass jeder, der passende Bewerberprofile sucht, sich diese durch die Eingabe weniger Schlüsselbegriffe auf den eigenen Rechner rufen kann.

Gebrauchen Sie daher bewusst gängige Schlagwörter für Ihre Fähigkeiten, Kenntnisse und Erfahrungen, bevor Sie zu einer genaueren Erklärung ansetzen. Vermeiden Sie ungewöhnliche Begriffe, nach denen keiner suchen würde. Statt »Es fällt mir nicht schwer, mit anderen zusammenzuarbeiten« verwenden Sie lieber das Schlagwort »Teamfähigkeit«, weil es sich besser als Suchbegriff eignet. Zur Not schlagen Sie in einem Synonymwörterbuch nach.

Fragen zu Ihrem Werdegang

Ihr Lebenslauf liefert eine gute Grundlage zur Beantwortung der Fragen nach Ihrem Werdegang.

Die meisten Unternehmen werden Sie nach Ihren beruflichen Erfahrungen fragen: Halten Sie sich bei Format und Beschreibung so eng wie möglich an die üblichen Bewerbungsstandards. Tragen Sie in das Eingabefeld also in etwa das ein, was Sie auch in Ihren Lebenslauf schreiben. Listen Sie Ihre bisherigen Tätigkeiten Zeile für Zeile auf, geben Sie dabei auch die Zeitspanne auf Monat und Jahr genau an. Ihre Funktionen ergänzen Sie idealerweise um Erläuterungen zu Ihren Aufgabengebieten.

Musterformulierung
Vorstandsassistent, verantwortlich für die inhaltliche und technische Gestaltung der Präsentationen vor internem Aufsichtsrat und externen Kapitalgebern

Fragen zu Ihrer Motivation

Schreiben Sie, was Sie an dem ausgeschriebenen Beruf und dem betreffenden Arbeitgeber reizt.

Das Stellenprofil genau durchlesen

Inhaltlich sind Onlinebewerbungen den Bewerbungen per Post oder per E-Mail sehr ähnlich. Gehen Sie die gewünschten Anforderungen und die Tätigkeitsbeschreibung Punkt für Punkt durch. Nehmen Sie Stellung zu den einzelnen Punkten. Schreiben Sie, was Sie an der beschriebenen Tätigkeit reizt und welche Aufgaben Sie besonders gern übernehmen würden. Wenn Sie sich auf einen Ausbildungsplatz bewerben, sollten Sie gut begründen, warum

Sie sich ausgerechnet für den entsprechenden Beruf entschieden haben.
Rechnen Sie ebenso mit Fragen, warum Sie sich bei der betreffenden Firma, Institution oder Behörde bewerben. Hier lohnt sich eine kleine Recherche im Vorfeld:
Worauf ist der Arbeitgeber stolz, wofür ist er bekannt? Vielleicht ist es ein besonders innovatives Unternehmen? Vielleicht bürgen seine Markenprodukte für eine besondere Qualität?

Warum bewerben Sie sich ausgerechnet beim betreffenden Arbeitgeber?

Wenn Sie solche Punkte aufgreifen, zeigen Sie, dass Sie sich intensiv mit dem potenziellen Arbeitgeber beschäftigt haben.
Viele Hobbys lassen Rückschlüsse auf bestimmte Fähigkeiten zu. Rechnen Sie also auch mit Fragen zu Ihrer Freizeit. Wer als Fußballtrainer in seinem Verein tätig ist, besitzt nicht selten Führungsqualitäten. Wer Briefmarken sammelt, arbeitet oft besonders genau. Wer gern Gäste bewirtet, ist jedenfalls nicht kontaktscheu. Solche aussagekräftigen Hobbys können Sie ruhig aufführen.

Führen Sie vor allem Hobbys an, die Aufschluss über bestimmte Fähigkeiten geben.

Uploads

Viele Onlineformulare verlangen, dass Sie bestimmte **Dokumente hochladen,** vor allem Ihre Zeugnisse, aber oft auch ein **Anschreiben** sowie den **Lebenslauf.** Deren Gestaltung entspricht der von Bewerbungen per E-Mail-Bewerbung. Haben Sie keine Sorge, wenn sich dort einiges wiederholt, was Sie schon in die Eingabefelder des Onlineformulars geschrieben haben. Das wirkt sich nicht nachteilig aus.
Es gibt keine technischen Standards für Uploads. Manche Onlineformulare lassen nur eine Datei zu, andere bis zu zehn. Manche akzeptieren nur PDF als Dateiformat, andere lassen auch andere **Dateiformate** zu. Wenn nichts anderes verlangt ist, laden Sie zu Ihrer Onlinebewerbung eine einzige PDF-Bewerbungsdatei hoch. Sind die einzelnen Felder für den Upload sachlich getrennt – etwa: »Laden Sie hier Ihren Lebenslauf hoch« –, spei-

Alternativ müssen Sie auf manchen Seiten die Nachweise einzeln hochladen.

chern Sie die einzelnen Dateien im PDF-Format ab und laden Sie sie auch einzeln hoch.

Verlangt das Unternehmen **Textverarbeitungsdateien,** speichern Sie diese im **RTF-Format** ab. Solche »Rich-Text-Dateien« sind frei von Viren, das ist der Vorteil. Kontrollieren Sie nach dem Abspeichern das Aussehen Ihres RTF-Dokuments, indem Sie es schließen und gleich wieder öffnen. Einzelne Zeilenumbrüche können gegenüber der vorigen Version verschoben sein.

Beachten Sie strikt die maximale Dateigröße für Ihre Uploads.

Üblich ist eine Beschränkung der **Datenmenge pro Upload** auf 2 bis 4 MB. An diese Grenze sollten Sie sich halten, um keine Fehlermeldung und keinen Rauswurf aus dem System zu riskieren. Alternativ können Sie sich mit einer komprimierten Zipdatei behelfen, um die maximal erlaubte Datenmenge nicht zu beschränken.

Aussagekräftige Dateinamen wählen

Verwenden Sie für Ihre Uploads möglichst konkrete, kurze **Dateinamen.** Aber auch hier gilt: Die früher übliche Beschränkung auf maximal acht Zeichen im Dateinamen ist heute nicht mehr nötig. Aus dem Dateinamen muss aber klar hervorgehen, worum es sich handelt. Beispiele:

Anschreiben_richard_holzer.pdf
Lebenslauf_richard_holzer.pdf
Arbeitszeugnisse_richard_holzer.pdf

Bewerbung zwischenspeichern und abschicken

Achtung Server-Timeout

Wenn ein Onlineformular Ihnen die Möglichkeit der Zwischenspeicherung gibt, sollten Sie dies auch nutzen. Denn nicht selten ist bei solchen Formularen ein Server-Timeout eingebaut. Die Daten werden also gelöscht, wenn Sie auf der Formularseite längere Zeit keine Einträge oder Änderungen mehr vornehmen und auch nicht auf die Eingabeseite klicken. Im schlimmsten Fall müssen Sie mit Ihrer Dateneingabe wieder von vorn beginnen, wenn das passiert.

Mit Copy and Paste für eine Zwischenspeicherung sorgen

Einträge sichern

Wenn im Onlineformular keine Zwischenspeicherung vorgesehen ist, empfiehlt es sich, selbst sicherzustellen, dass keine Einträge durch einen Server-Time-out verloren gehen. Das Vorgehen ist etwas mühevoll, aber es lohnt sich, wenn Sie vermeiden wollen, bereits vorgenommene Einträge womöglich später wieder zu verlieren.

Bevor Sie die Angaben im Onlineformular speichern oder auf »weiter« klicken, markieren Sie Feld für Feld den ganzen eingegebenen Text. Kopieren Sie ihn durch gleichzeitiges Drücken der Tasten »Strg« – auf manchen Tastaturen »Ctrl« – und »C«. Öffnen Sie dann ein leeres Dokument in Ihrem Textverarbeitungsprogramm und fügen Sie den kopierten Text dort ein. Dazu gebrauchen Sie entweder die Menübefehle »Bearbeiten« → »Einfügen« oder die Tastenkombination »Strg« und »V« bzw. »Ctrl« und »V«. Speichern Sie die Datei unter einem geeigneten Namen als Bewerbung bei der betreffenden Firma ab und notieren Sie sich außerdem das Datum.

Wenn Sie umgekehrt Texte aus einem eigenen Textverarbeitungsdokument in das Eingabefeld des Onlineformulars kopieren möchten, haben Sie manchmal ein Problem: Denn vorhandene Formatierungen lassen sich nicht einfach löschen, oder Sonderzeichen wie etwa Anführungszeichen oder Gedankenstriche werden im Onlineformular falsch dargestellt.

Solche Probleme vermeiden Sie, indem Sie die Datei als »Nur-Text-Datei« abspeichern. Dazu gehen Sie beispielsweise in Word auf »Datei« → »Speichern unter«. Unter dem Feld »Dateiname« finden Sie das Feld »Dateityp«. Dort wählen Sie den Punkt »Nur Text (*txt)« aus. Schließen Sie das Dokument und öffnen Sie es dann aus dem Dateimanager heraus. Wenn Sie jetzt den Text markieren und kopieren, sind die Formatierungen gelöscht und Sie können den Text problemlos ins Onlineformular übernehmen.

Erst Fehler korrigieren, dann abschicken

Bevor Sie Ihre Bewerbung absenden, prüfen Sie Ihre Eingaben noch einmal sorgfältig auf Rechtschreib- und Grammatikfehler.

Sie bekommen meist eine Kopie Ihrer Bewerbung, sobald Sie Ihre Daten vollständig eingegeben und auf »Senden«, »Abschicken« oder »Bewerbung hochladen« geklickt haben:

Speichern Sie die eingegebenen Daten auf Ihrem Rechner.

- Sie sehen dann am Bildschirm noch einmal Ihre gesamten Eingaben. Drucken Sie diese aus oder – noch besser – speichern Sie sie vollständig elektronisch ab.
- Alternativ erhalten Sie bei manchen Onlinebewerbungssystemen eine Bestätigungs-E-Mail, die ebenfalls eine Zusammenfassung Ihrer Eingaben enthält oder einen Link, der auf Ihr Bewerberprofil führt.

Wichtig: Zugangsdaten abspeichern

Merken Sie sich unbedingt die Zugangsdaten zu Ihrem Bewerberprofil, mit denen Sie sich eingeloggt haben. Nur damit können Sie später noch auf Ihre Bewerbung zugreifen und – falls diese Möglichkeit überhaupt vorgesehen ist – Änderungen vornehmen oder die Bewerbung löschen.

Onlineformulare auf Stellenportalen

Personalverantwortliche und Vermittler zahlen Geld für den Zugriff auf Bewerberprofile.

Neben den Firmenwebsites bieten auch verschiedene »Karriereseiten«, »Jobbörsen« und Stellenportale im Internet die Möglichkeit, sich online zu bewerben. Solche Portale erlauben Firmenvertretern – also vorwiegend Personalverantwortlichen und Headhuntern – einen Zugriff auf die gespeicherten Bewerberprofile.

Machen Sie sich auf Stellenportalen nicht allzu große Hoffnungen.

Das klingt zunächst nach einer hervorragenden Chance für Bewerber, sich auch bei unbekannten Arbeitgebern ohne explizite Stellenausschreibung vorzustellen. In der Praxis allerdings sind hier die Erfolgschancen gering. Denn oftmals können Sie – ohne die konkrete Vorstellung, auf welche Stelle und bei welchem Arbeitgeber Sie sich bewerben – keine spezifischen Eingaben machen. Deshalb bleibt Ihre Bewerbung zwangsläufig allgemein und etwas farblos, weil ein konkreter Bezug zur gewünschten Tätigkeit fehlt.

Da zudem ein Eintrag für Bewerber kostenlos ist, ist die Konkurrenz auf solchen Stellenportalen groß. Firmenvertreter, Personalverantwortliche und Headhunter bekommen dort sehr viele unspezifische Bewerberprofile zu sehen, selbst wenn sie spezifische Suchbegriffe eingeben. Die meisten sind es schnell leid, diese Onlinebewerbungen einzeln durchzugehen.

Die Eingabe eines Bewerberprofils lohnt sich vor allem für gefragte Spezialisten.

Am ehesten lohnt sich die Eingabe Ihres Bewerberprofils ins Onlineformular eines Stellenportals, wenn Sie über gefragte Qualifikationen verfügen, bei denen es wenig Konkurrenz gibt.

Schlüsselwörter in Anzeigen suchen

Gehen Sie beim Eintrag in Onlineformularen solcher Stellenportale so vor wie bei dem Bewerbungsformular auf einer Firmenwebsite. Wichtig ist die Eingabe von Schlüsselwörtern (»Keywords«), nach denen ein Personalverantwortlicher oder Headhunter üblicherweise suchen wird. Am besten überlegen Sie sich, wie Ihre Traumstelle aussehen würde. Sammeln Sie Stellenanzeigen, die Ihrer Wunschposition am nächsten kommen. Notieren Sie die Schlüsselwörter, die darin besonders häufig vorkommen, und verwenden Sie in der Freitexteingabe genau diese Begriffe. Denn diese erleichtern es potenziellen Interessenten, Ihr Bewerbungsprofil auch aufzufinden.

Auch Ihre Einträge in den Onlineformularen diverser Stellenportale sollten Sie sichern. Ebenso sollten Sie die Zugangsdaten abspeichern, um Ihr Bewerberprofil bei Bedarf ändern oder löschen zu können.

Daten regelmäßig aktualisieren

Legen Sie sich solche Bewerbungsvorgänge außerdem grundsätzlich auf Wiedervorlage, um von Zeit zu Zeit zu überprüfen, ob Sie die Bewerbung aufrecht erhalten möchten. Wenn ja, ist von Zeit zu Zeit eine Aktualisierung Ihres Eintrags nötig. Falls Sie über Monate keinerlei Rückmeldungen erhalten, dann lohnt sich dieser Aufwand nicht. In diesem Fall löschen Sie Ihr Profil besser wieder.

Einträge bei sozialen Netzwerken

Headhunter gehen oft bei sozialen Netzwerken auf die Suche nach geeigneten Bewerbern.

Sie müssen Geduld mitbringen.

Statt auf einem Stellenportal ein vollständiges Bewerbungsformular auszufüllen, empfiehlt sich oft ein Eintrag bei einem sozialen Netzwerk (»Social Network«). Beispiele dafür sind etwa Xing oder Facebook, auch wenn diese nicht speziell auf Bewerbungen ausgerichtet sind. Hier können Sie ein Profil eingeben, ohne streng an Fragen gebunden zu sein. Je spezifischer Ihre Eintragung auf einem der Portale und je gefragter Ihre Qualifikationen, desto größer die Wahrscheinlichkeit, dass ein Personalvermittler oder potenzieller Arbeitgeber mit Ihnen Kontakt aufnimmt. Die Chance, damit erfolgreich zu sein, ist gar nicht so gering: Immer mehr Personalsuchende durchkämmen gezielt diese Websites, weil sie hier kostenlos oder für wenig Geld auf die Daten vielversprechender Kandidaten zugreifen können.

Vorsicht

Es gibt bei Einträgen in sozialen Netzwerken aber einen großen Nachteil: Ihr Profil ist einer breiten Öffentlichkeit zugänglich. Achten Sie daher genau darauf, was Sie von sich preisgeben und was nicht. Sie sollten beispielsweise nicht unbedingt eintragen, dass Sie arbeitssuchend sind. Unpassend wäre auch ein Eintrag über Ihre Bereitschaft, eine neue Stelle anzutreten, wenn Sie gerade erst bei einem neuen Arbeitgeber frisch angefangen haben.
Tragen Sie sich mit Ihrem Profil generell nur dann in solche sozialen Netzwerke ein, wenn Sie Ihre Daten auch aktiv pflegen können.

Die Bewerbungshomepage

Kein Personalverantwortlicher erwartet eine Bewerbungshomepage.

Auf einer Bewerbungshomepage stellen Sie übersichtlich alle Fakten über sich zusammen, die in beruflicher Hinsicht von Belang sind. Wenn Sie keine Homepage haben, sind Sie damit allerdings nicht im Nachteil. Niemand, der Bewerber rekrutiert und auswählt, erwartet, dass Sie eine eigene Bewerbungshomepage haben.

Wann eine Bewerbungshomepage empfehlenswert ist

Einmal erstellen – immer wieder nutzen

Die Vorteile einer Bewerbungshomepage:

- Sie machen sich einmal die Mühe und erstellen eine Bewerbung in Form einer Website. Diese können Sie dann beliebig oft einsetzen. Dazu brauchen Sie nur den Link zu versenden.
- Sie können große Datenmengen unterbringen und brauchen sich – anders als bei E-Mail-Anhängen oder den Uploads bei Formularbewerbungen – kaum darum zu kümmern, welche Dateigröße etwa ein eingescanntes Zeugnis oder eine Arbeitsprobe hat.

Bewerbungshomepages haben aber auch viele Nachteile:

Vielen Personalern sind Bewerbungshomepages zu umständlich.

- Für Personalverantwortliche sind sie umständlich: Abspeichern und ausdrucken kostet Zeit, und auch die Auswertung sowie der Vergleich mit anderen Bewerbungen ist schwieriger als bei einer Bewerbung per E-Mail oder Onlineformular. Ein Personalverantwortlicher, der meist Hunderte von Bewerbungen erhält, macht sich selten die Mühe, noch die Homepages einzelner Bewerber anzuklicken.

Unspezifisch statt konkret

- Die Inhalte einer Bewerbungshomepage müssen allgemein bleiben, denn sie richten sich an mehrere potenzielle Arbeitgeber. Das wirkt – wie Massen-E-Mails – wenig überzeugend.

Auch der Datenschutz kann bei einer Bewerbungshomepage zum Problem werden.

- Aus Gründen des Datenschutzes ist eine Verschlüsselung beziehungsweise ein Passwortschutz unbedingt notwendig. Das aber macht es für Personalverantwortliche erneut komplizierter und damit unattraktiver.

Vorgehen

Domain sichern

Provider bieten für wenige Euro im Monat Speicherplatz im Internet. Dazu gehört eine Domain, also eine Internetadresse. Den Domainnamen sollten Sie sorgfältig auswählen. Darin taucht idealerweise Ihr vollständiger Name auf und nicht etwa nur Ihr Vorname. Sinnvoll ist außerdem ein Hinweis auf die Tatsache, dass es sich um eine Bewerbung handelt, zum Beispiel:

www.peter-mustermann.bewerbung.de
www.bewerbung-anita-beispielhofer.de
www.profil.peter.mustermann.de
www.anita-beispielhofer.profil.de

Website erstellen

Wenn Sie sich mit der Gestaltung von Websites auskennen, können Sie Ihre Homepage selbst programmieren, ansonsten beauftragen Sie einen Webdesigner.

Aufbau der Bewerbungshomepage

Alle Bestandteile einer Bewerbung gehören auch auf die Homepage.

Der Aufbau Ihrer Bewerbungshomepage unterscheidet sich nicht grundsätzlich von dem einer E-Mail-Bewerbung. Folgende Bestandteile sollte sie enthalten:

- Startseite
- Lebenslauf
- Zeugnisse
- ggf. Arbeitsproben
- Druckversion
- Kontakt

Sorgen Sie für eine einfache Navigation.

Allgemeines Musteranschreiben

Sorgen Sie für Übersichtlichkeit, indem Sie diese Bestandteile entweder in einer Navigationsleiste unterbringen oder sie als Karteikartenreiter oben platzieren. Durch Anklicken sollte der Besucher schnell und einfach auf die Unterseiten gelangen. Auf die **Startseite** setzen Sie ein allgemeines Anschreiben. Darin machen Sie auf die verschiedenen Bestandteile Ihrer Bewerbung aufmerksam.

Sehr geehrte Damen und Herren,

herzlich willkommen auf meiner Bewerbungshomepage!

Gern können Sie meinen Lebenslauf, meine Zeugnisse und meine Arbeitsproben herunterladen. Selbstverständlich können Sie sich meine Bewerbung auch als Druckversion im PDF-Format ansehen.

Ich freue mich, von Ihnen zu hören! Meine Kontaktdaten finden Sie hier.

Mit freundlichen Grüßen

Anita Beispielhofer

Hyperlinks aktivieren

Achten Sie darauf, dass alle Hyperlinks auch wirklich mit den entsprechenden Unterseiten Ihrer Website verknüpft sind. Ist der Text auf Ihrer Startseite allerdings dermaßen allgemein gehalten, empfiehlt sich zusätzlich ein empfängerspezifisches Anschreiben, das Sie mit dem Link zu Ihrer Homepage versenden. Darin gehen Sie dann individuell auf die gewünschte Stelle und auf den betreffenden Arbeitgeber ein und heben Ihre Qualifikationen hervor, die Sie speziell für diese Tätigkeit haben.

Besser als ein allgemeines Anschreiben ist eines, das zum gewünschten Berufsziel passt.

Wenn Sie ein klar umrissenes Berufsziel haben, auf das Sie sich bewerben, können Sie die Startseite spezifischer gestalten und auf ein Anschreiben verzichten.

Sehr geehrte Damen und Herren,

vielen Dank dafür, dass Sie sich die Zeit für einen Besuch nehmen. Ich stelle mich Ihnen als Mediendesigner vor.

Zu meinen Qualifikationen: Nach meinem Designstudium an der Kunsthochschule Kassel …

Das Foto setzen Sie auf die Startseite.

Rechts neben diesem Anschreiben platzieren Sie ein ansprechendes **Bewerbungsfoto.** Das ist bei einer Homepage auf der Startseite besser aufgehoben als auf dem Le-

Lebensdaten übersichtlich eingeben

Zeugnisscans und Arbeitsproben als PDF hinterlegen

benslauf. Den **Lebenslauf** gestalten Sie gleich wie bei einer E-Mail-Bewerbung. Ihre **Zeugnisse** und **Arbeitsproben** hinterlegen Sie idealerweise als Scan im PDF-Format in einem einzigen Dokument.

Wichtig ist auch die Hinterlegung einer vollständigen **Druckversion Ihrer Bewerbung** in Form einer einzigen PDF-Datei. Damit ersparen Sie einem Interessenten das Abspeichern und Kopieren jeder einzelnen Unterseite Ihrer Homepage.

Geben Sie Ihre Kontaktdaten an – möglichst auf jeder Seite.

Vergessen Sie nicht, Ihre **Kontaktdaten** inklusive Anschrift, Telefon- und Handynummer sowie E-Mail-Adresse anzugeben. Um einem Besucher Ihrer Homepage die Kontaktaufnahme per E-Mail besonders leicht zu machen, können Sie auch ein Kontaktformular anbieten.

Was Sie vermeiden sollten

Halten Sie die Bewerbungshomepage schlicht und übersichtlich.

Vermeiden Sie auf Ihrer Bewerbungshomepage unbedingt alle Elemente, die die Ladezeiten unnötig erhöhen oder Persönliches über Sie preisgeben, zum Beispiel Videos, akustische Dateien, Urlaubs- und sonstige private Bilder, private Favoritenlisten, etwa von Büchern oder Musik, sowie sonstige Hinweise auf Ihr Privatleben. Stehen Sie dem Erfolg Ihrer eigenen Bewerbungshomepage auch nicht mit anderen Websites und Veröffentlichungen im Weg. Schalten Sie private Websites für die Dauer der Kampagne möglichst ab.

Technische Hinweise

Der Inhalt Ihrer Homepage sollte bei einer Auflösung von 1280 × 800 Pixeln auf eine Bildschirmseite passen, wobei Sie eine Bildschirmgröße von 17 Zoll zugrunde legen.

Ein Passwortschutz verhindert, dass Unbefugte Ihre Bewerbung lesen.

Zum Schutz vor unbefugten Besuchern sollten Sie einen Passwortschutz einrichten.

Versenden Sie den Link zu Ihrer Homepage an potenzielle Arbeitgeber.

Den Link zu Ihrer Bewerbungshomepage versenden Sie mitsamt Passwort per E-Mail an potenzielle Arbeitgeber. Auch hier sollten Sie sich die Mühe machen, den zuständigen Ansprechpartner herauszufinden und die E-Mail direkt an seine persönliche Firmenadresse zu senden und nicht etwa an die allgemeine Firmenadresse »info@unternehmen.com«.

Verfolgen Sie den Werdegang jeder Bewerbung

Überblicksliste über den Stand aller Bewerbungen erstellen

So gliedern Sie die Überblickstabelle.

Um den Überblick über Ihre Bewerbungen zu bewahren, legen Sie sich am besten eine Liste an, die Sie permanent pflegen. Folgende Spalten empfehlen sich:

- Adressat
- Ansprechpartner mit Telefonnummer (Durchwahl) und E-Mail-Adresse
- Gesprächsnotizen
- Datum der Bewerbung
- Status (versendet, Zwischenbescheid, Absage etc.)
- Termin Vorstellungsgespräch
- Bewerbungsmappe (Namen, Speicherort)
- Bemerkungen (Ablehnungsgründe, Fahrtkosten etc.)

Löschen Sie unliebsame Spuren im Netz

Prüfen Sie, was das Internet über Ihre Person preisgibt.

Geben Sie von Zeit zu Zeit Ihren Namen in eine Suchmaschine ein.

Bei unautorisierten Einträgen über Ihre Person widersprechen Sie beim Betreiber der betreffenden Website.

Das Internet speichert unendliche Datenmengen – auch von Ihrer Person. Alles, was einmal aufgetaucht ist, hat eine erstaunlich lange Haltbarkeit. Die meisten Personalverantwortlichen machen sich diesen Umstand zunutze und geben die Namen infrage kommender Bewerber in eine Suchmaschine ein. Finden sie dann Nachteiliges – etwa Bilder einer feucht-fröhlichen Feier –, ziehen sie womöglich einen Kandidaten nicht mehr in die engere Wahl. Für Sie heißt das: Löschen Sie unnötige Spuren im Netz. »Googlen« Sie zunächst Ihren eigenen Namen. Schon sehen Sie, was auch der Personalverantwortliche sieht. Wichtig sind vor allem die ersten beiden Trefferseiten. 80 Prozent aller Nutzer begnügen sich mit dem, was sie auf der ersten Trefferseite finden. Haben Sie Fotos oder Videos nicht freigegeben, können Sie deren Veröffentlichung widersprechen, ebenso wenn Sie falsch zitiert werden. Wenden Sie sich hierfür an den Betreiber der entsprechenden Seite, dessen Namen und Anschrift Sie im Impressum finden.
Denken Sie aber auch an missliebige Spuren im Netz, die Sie vielleicht selbst hinterlassen haben.